FORSCHUNGSBERICHTE
DES WIRTSCHAFTS- UND VERKEHRSMINISTERIUMS
NORDRHEIN-WESTFALEN

Herausgegeben von Ministerialdirektor Prof. Leo Brandt

Nr. 48

Max-Planck-Institut für Eisenforschung, Düsseldorf

Spektrochemische Analyse der Gefügebestandteile in Stählen nach ihrer Isolierung

Als Manuskript gedruckt

SPRINGER FACHMEDIEN WIESBADEN GMBH

1953

ISBN 978-3-663-12809-0 ISBN 978-3-663-14310-9 (eBook)
DOI 10.1007/978-3-663-14310-9

Gliederung

Vorwort

Die Untersuchung der Konstitution der Stähle mit Hilfe der Isolierungsverfahren erfordert die Durchführung einer großen Zahl von Mikroanalysen. Der erste Teil dieses Berichtes, der sich mit dem Ablauf der Desoxydation befaßt, erforderte z.B. mehr als 300 Mikroanalysen isolierter Oxydeinschlüsse. Jede einzelne dieser Analysen war beim heutigen Stand der Mikrochemie mit einem Zeitaufwand von etwa einem Arbeitstag verbunden. Trotz dieses sehr hohen Arbeitsaufwandes blieben die analytischen Untersuchungen auf die Erfassung der Hauptbestandteile beschränkt, da die Empfindlichkeit der Mikroanalysen zur Bestimmung der Nebenbestandteile noch nicht in allen Fällen ausreicht und außerdem dadurch ein noch weit höherer Zeitaufwand entstanden wäre.

Die Oxydeinschlüsse sind dabei nur einer der Gefügebestandteile. Bei der Untersuchung isolierter Karbide, Nitride und anderer isolierbarer Gefügebestandteile treten die gleichen mikroanalytischen Schwierigkeiten auf. Der große Zeitaufwand, den die mikroanalytischen Untersuchungen heute noch erfordern, begrenzt die allgemeine Anwendung der Isolierungsverfahren. Dieser zweite Teilbericht beschäftigt sich daher mit der Frage, in welchem Umfang die Spektralanalyse zur Lösung dieser mikrochemischen Probleme beizutragen vermag.

Für die Unterstützung dieser Arbeiten sei dem Wirtschaftsministerium des Landes Nordrhein-Westfalen auch an dieser Stelle herzlich gedankt.

Die Isolierung liefert bei der Zersetzung von 1o g Stahl etwa 1 mg Oxydeinschlüsse. Diese kleine Oxydmenge muß für eine qualitative und quantitative Analyse ausreichen. Bei der Untersuchung isolierter Karbide hat man etwas größere Mengen, zumeist etwa 2o bis 5o mg zur Verfügung. Man könnte grundsätzlich größere Mengen erhalten, jedoch ist die Freilegung der Karbide aus elektrochemischen Gründen um so genauer quantitativ, je geringer die Ablösungstiefe ist. Bei quantitativen Arbeiten wird man daher in einem Isolierungsgang nicht mehr Karbide isolieren, als man zur Untersuchung unbedingt benötigt.

Die mikroanalytische Untersuchung eines isolierten Bestandteils beansprucht im Mittel einen vollen Arbeitstag. Nun erfordert allein die Verfolgung des isothermen Ablaufs einer Reaktion im festen oder flüssigen Stahl aber schon etwa 1o bis 2o Isolierungen und damit eine entsprechend hohe Zahl an Mikroanalysen. Zu einer reaktionskinetischen Untersuchung, wie sie z.B. zum Studium der Desoxydation im ersten Teil dieses Berichtes durchgeführt werden mußte, benötigt man daher schon mehrere hundert mikrochemische Analysen. Der mit diesen Untersuchungen verbundene hohe Zeitaufwand hemmt heute noch die allgemeine Anwendung der Isolierungsverfahren.

Es ist daher für die Forschung auf metallurgischem Gebiet von großer Bedeutung, daß hochempfindliche qualitative und quantitative Analysenverfahren entwickelt werden, die mit kleinstem Stoffaufwand und geringem Arbeitszeitaufwand durchzuführen sind. Diese Forderung kann in gewissem Umfang durch spektrochemische Analysen erfüllt werden. Es lassen sich allerdings nicht alle analytischen Aufgaben, die bei der Analyse isolierter Oxydeinschlüsse und Karbide anfallen, spektrochemisch lösen. Einige Elemente, wie z.B. Kohlenstoff, Stickstoff und Phosphor besitzen keine ausreichende spektrale Empfindlichkeit, bei anderen, insbesondere bei den Hauptbestandteilen, reicht die spektralanalytisch erreichte Genauigkeit noch nicht aus; sie lassen sich mikrochemisch genauer bestimmen. Wenn es aber gelingt, die spektralanalytisch empfindlichen Elemente, insbesondere wenn sie in geringer Konzentration vorliegen, zu erfassen, so läßt sich der Arbeitsaufwand der mikrochemischen Analyse dadurch bereits erheblich senken und durch die erreichte Vollständigkeit die Auswertung verbessern.

I. Spektralanalytische Bedingungen

Die Analyse von Gefügebestandteilen in Metallen war schon früher Gegenstand spektralanalytischer Arbeiten. SCHEIBE und MARTIN (1), KLINGER und SCHLIESSMANN (2), THANHEISER und HEYES (3) haben zu einem Zeitpunkt, als Isolierungsverfahren noch nicht zur Verfügung standen, bereits versucht, derartige Analysen durchzuführen, indem sie den Spektralfunken mit Hilfe von Blenden auf kleine Flächenelemente lenkten. Dabei erwies es sich, daß diese Verfahren nur angewendet werden können, wenn der zu untersuchende Bestandteil eine Mindestgröße von etwa 1o μ hat. Im Stahl sind so große Einschlüsse jedoch schon selten; es handelt sich dabei zumeist um eingeschlossene Fremdbestandteile, wie Schlacken oder Teile feuerfester Stoffe aus den Kanalsteinen. Der Anwendungsbereich dieser Verfahren liegt daher mehr bei solchen Sonderfällen, für die allgemeine Aufgabe, die chemische Zusammensetzung der Gefügebestandteile zu bestimmen, sind sie ungeeignet. Dazu bedarf es ihrer Isolierung in größerer Zahl. Hier hat erst das Verfahren der elektrolytischen Isolierung von KLINGER und KOCH (4) einen neuen Weg eröffnet.

a) Unmittelbare Anregung der isolierten Teilchen

Will man isolierte Gefügebestandteile unmittelbar durch einen Bogen oder Funken spektral anregen, so muß man daraus Elektroden formen, am besten pressen. Das erfordert bisher eine Mindestmenge von 2o mg und hat außerdem zur Voraussetzung, daß die Teilchen elektrisch leitend sind. Oxydeinschlüsse können daher ohne Trägermasse auf diese Weise nicht untersucht werden.

Bei Karbiden besteht die Möglichkeit, unmittelbar kleine Preßlinge herzustellen. Dazu wurden in ein zylindrisches Röhrchen aus Sinterkorund (Abb. 1), das eine Länge von 2o mm, einen Außendurchmesser von 8 mm und eine zentrale Längsbohrung von etwa 2 mm hat, 1o mg des isolierten Karbids mit Hilfe eines Glastrichters eingefüllt. Das Pulver wird mit einem genau in die Bohrung passenden Stempel aus gehärtetem Werkzeugstahl zu einer kleinen Pastille gepreßt. Dazu wird ein Druck von 2oo kg angewandt. Der Stempel verbleibt nach dem Pressen in der Bohrung. Er dient bei der Spektralaufnahme unmittelbar als Stromzuführung. Als Gegenelektrode dient ein zweiter gleicher Preßling oder - falls dafür nicht genügend Stoff zur Verfügung steht - eine Aluminium- oder eine Kupferelektrode. Abb. 2 zeigt

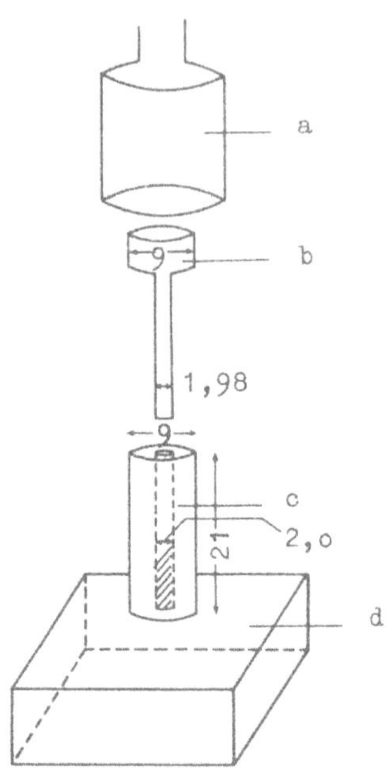

A b b i l d u n g 1

Herstellung eines Preßlings

a Presse, b Stempelchen, c Tonerderöhrchen, d Grundplatte
(Maße in mm)

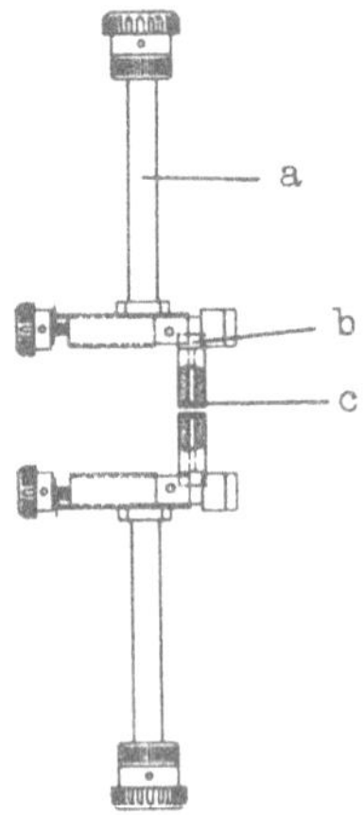

A b b i l d u n g 2

Die Preßlinge in den Elektrodenhaltern

a Elektrodenhalter, gleichzeitig Stromzuführung, b Kopf des Stempels,
c Karbidpastille

die Anordnung derartiger Preßlinge in dem Elektrodenhalter. Die Köpfe der Stempelchen werden in die Backen der Halter eingeklemmt, die Tonerderöhrchen mit den Preßlingen stehen frei. Obwohl die Röhrchen aus Sinterkorund bestehen, treten in den Spektren keine Aluminiumlinien auf. Die Preßlinge verhalten sich also wie Metallelektroden.

Man kann dem zu analysierenden Gut auch, um Probegut zu sparen, in bestimmtem Verhältnis geeignete Füllstoffe, wie Graphit oder Kupfer beimengen. Man verliert jedoch dadurch, wie auch beim Arbeiten mit nur einer Elektrode, an Empfindlichkeit.

b) Lösungsspektralanalyse

Stehen nur wenige Milligramm zur Analyse zur Verfügung, so führt man besser eine Lösungsspektralanalyse durch. Das trifft vor allem bei der Analyse der Oxydeinschlüsse zu. Die bei der Isolierung freigelegten Einschlußmengen können mit einer empfindlichen Mikrowaage (zur schnellen Wägung verwendet man zweckmäßig eine Torsionswaage) auf einige Prozente genau gewogen werden. Man kann sie dann aufschließen und die gewonnene Lösung nach Zufügen einer Vergleichssubstanz auf eine reine Kohleelektrode aufbringen.

W. KOCH, H.J. ROCHA und H. HULKE (4) haben bereits auf diese Weise quantitative spektrochemische Untersuchungen isolierter Oxydeinschlüsse durchgeführt. Sie bestimmten darin Silizium, Eisen, Mangan und Aluminium. Das sind die Hauptbestandteile, die auch bei der naßchemischen Mikroanalyse erfaßt werden. Bei der spektralanalytischen Untersuchung wurden etwa die gleichen Genauigkeiten erzielt wie bei der mikrochemischen Analyse. Die Untersuchungen ließen sich aber spektrochemisch bedeutend schneller durchführen.

Bei der Herstellung der Lösungen war es schwierig, die Kieselsäure und die übrigen Oxyde gleichzeitig nebeneinander in Lösung zu bringen, da in sauren Lösungen die Kieselsäure sich ausschied, in basischen hingegen die Metallhydroxyde gefällt wurden.

Löste man nach einem Boraxaufschluß die Salze jedoch in einer wässrigen Lösung von Zitronensäure, so gelang es, alle Bestandteile gelöst zu erhalten. Um neben den Spektren der einzelnen Bestandteile auch ein Vergleichsspektrum zu erhalten, wurde noch eine gemessene Menge eines Kobaltsalzes der Lösung zugefügt.

Die Auflösung des Probegutes bringt durch die damit verbundene Verdünnung einen Verlust an Empfindlichkeit. Die Elemente, auf die sich die Untersuchung erstreckt, lassen sich jedoch mit Hilfe der Funkenspektralanalyse selbst in Verdünnungen von $1o^{-4}$ bis $1o^{-5}$ noch gut analysieren, so daß die Mehrzahl von ihnen auf diese Weise erfaßt werden kann. Bestandteile, die nur in geringer Menge in den Oxydeinschlüssen auftreten, lassen sich jedoch mit dem Funken nicht mehr analysieren. Versuche mit einer Bogenanregung unter Verwendung des Pfeilsticker-Abreißbogens ergaben, daß die Empfindlichkeit dadurch um mehr als eine Zehnerpotenz erhöht werden kann. Die Streuung der Einzelwerte ist bei der Anwendung des Bogens zwar etwas größer als bei Anwendung des Funkens, der erhöhte Fehler ist jedoch bei der Bestimmung der Nebenbestandteile tragbar.

Die nach dem Aufschluß erhaltenen Lösungsmengen betragen o,3 bis 1 cm^3. Sie lassen sich, wie Versuche ergaben, so einteilen, daß man mehrere Spektren mit verschiedener Anregung nacheinander aufnehmen kann. Es hat sich dabei bewährt, jeweils drei Funkenspektren und drei Bogenspektren und eine weitere Bogenaufnahme mit engem Spalt für die qualitative Analyse aufzunehmen. Die Kohle muß nach jeder Aufnahme mit neuer Lösung präpariert werden; Lösungsmengen von o,3 cm^3 reichen dazu gerade aus.

Auch bei der Bogenanregung ist die Schwärzung einiger Spektrallinien der Nebenbestandteile auf der Platte noch so schwach, daß sie in den unterbelichteten Bereich der Plattencharakteristik fallen. Bei quantitativen spektralanalytischen Untersuchungen werden derartige Linien im allgemeinen nicht ausgewertet. Für die mikroanalytische Untersuchung der isolierten Gefügebestandteile war jedoch eine Auswertung auch dieser schwachen Linien nicht zu umgehen.

c) Auswertung des unterbelichteten Teils der photographischen Platte

Trifft Licht auf eine photographische Platte, so entsteht bei der Entwicklung eine Schwärzung. Diese Schwärzung S ist definiert als der Logarithmus des Verhältnisses des Lichtes, das durch die unbelichtete Platte fällt zu dem, das von dem geschwärzten Teil der Platte durchgelassen wird. Die Schwärzung nimmt nicht bei allen Lichtintensitäten proportional zu (Abb. 3a). Sie ist sowohl bei hohen (überbelichteter Bereich in Abb. 3a) als auch bei kleineren Intensitäten (unterbelichteter Bereich in Abb. 3a) kleiner.

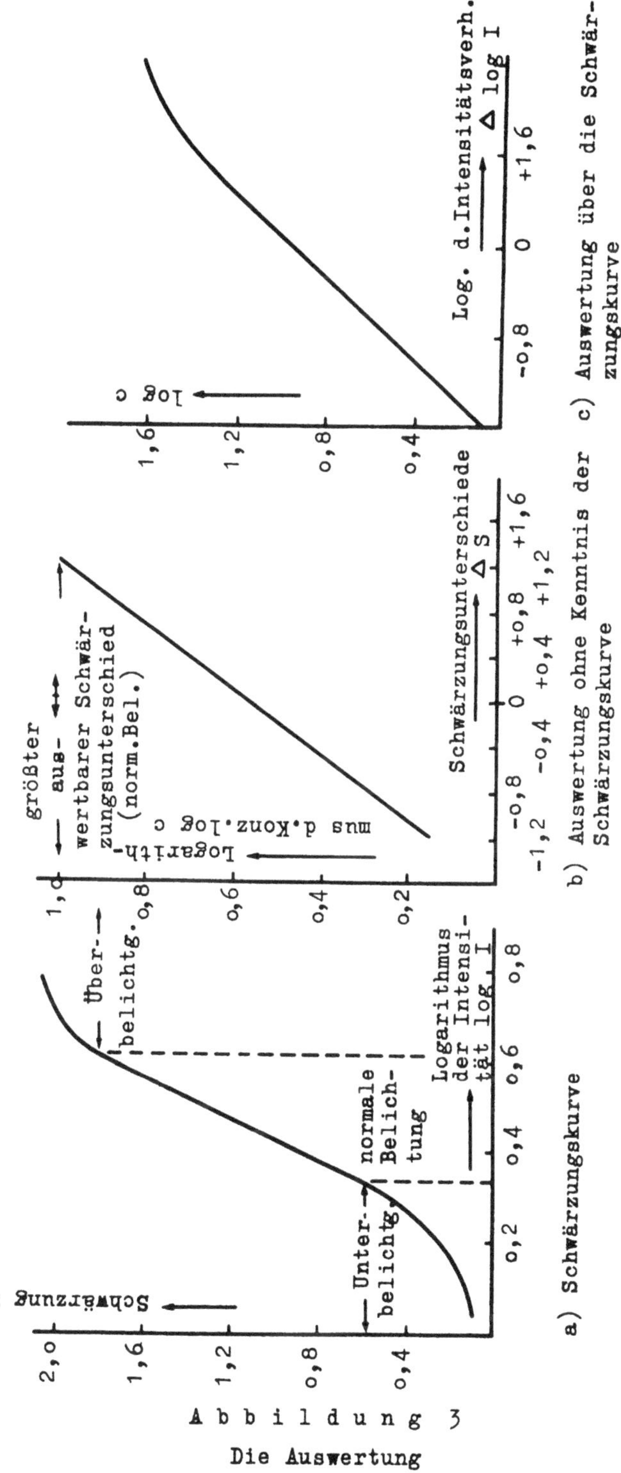

A b b i l d u n g 3

Die Auswertung

Sind die Intensitäten zweier Spektrallinien, einer Analysenlinie (Linie des zu analysierenden Elements) und einer Vergleichslinie (bei der Oxydanalyse z.B. einer Kobaltlinie) so groß, daß auf der photographischen Platte Schwärzungen hervorgebracht werden, die beide in dem Bereich normaler Belichtung liegen, so kann man ein Diagramm (Abb. 3b) aufstellen, das die Konzentration des zu analysierenden Elements unmittelbar als Funktion der Schwärzungsunterschiede beider Linien wiedergibt. In dieser Auswertung steckt dann nur die Voraussetzung, daß Proportionalität zwischen der Intensität der Spektrallinie und der Konzentration des emittierenden Elements besteht, eine Voraussetzung, die (Abb. 3c) in Bereichen geringerer Konzentrationen auch zutrifft. Die Aufstellung eines Diagramms entsprechend der Abbildung 3b ist aber nicht mehr möglich, wenn eine der beiden Linien (Vergleichs- oder Analysenlinie) in den unterbelichteten Teil der Plattencharakteristik fällt.

Bei der Mikroanalyse muß man mit wenigen Spektralaufnahmen eine größere Zahl von Elementen quantitativ ermitteln, die in sehr verschiedenen Konzentrationen vorliegen und sehr verschiedene Empfindlichkeiten besitzen. Dabei erhält man auf der photographischen Platte sehr unterschiedliche Schwärzungen. Eine Beschränkung auf den normal belichteten Bereich der Platten ist daher nicht möglich; es ist dann erforderlich, auch das Gebiet der Unterbelichtung in die Messung einzubeziehen. Das gelingt nur, wenn man aus jeder Schwärzung unter Zugrundelegung der Plattencharakteristik zunächst die zugehörige Lichtintensität ermittelt und erst in einem zweiten Schritt aus dem Verhältnis der Lichtintensitäten einer Analysenlinie und einer Vergleichslinie die Konzentration der gesuchten Elemente bestimmt. Ebenso ist dann auch bei der Eichung zu verfahren. Dieser Weg ist zwar umständlicher, aber nicht zu umgehen, da bei Verwendung des unterbelichteten Teils eine unmittelbare Proportion zwischen Schwärzung und Konzentration nicht aufgestellt werden kann. Für alle zu untersuchenden Elemente erhält man dann die der Abbildung 3c entsprechenden Eichbilder. Diese sind für Funken- oder Bogenanregung wie auch für jede Änderung der Anregungsbedingungen verschieden.

d) Qualitative Analyse

Bei der qualitativen Analyse kommt es darauf an, ein Spektrum hoher Empfindlichkeit und hoher Auflösung zu erhalten. Dazu ist eine besondere Aufnahme mit verringerter Spaltbreite erforderlich. Die Auswertung erfolgt durch Vergleich mit Normalspektren, im vorliegenden Fall am besten einem Eisen- und einem Kobaltspektrum die beide mit der gleichen Apparatur aufgenommen werden. Der Vergleich geschieht am einfachsten mit einem Doppelprojektor, in dem Normal- und Vergleichsspektrum miteinander verglichen werden. Die für die qualitative Analyse besonders geeigneten Nachweislinien sind in der Tabelle 3 zusammengestellt.

II. Die Ermittlung der Spektrallinienintensität

Für die Schwärzemessungen wurde ein Spektrenprojektor der Firma Carl Zeiss, Jena, zu einem einfachen Photometer ausgebaut. Die Projektionsplatte wurde durch einen beweglichen Tisch ersetzt, der in der Mitte der Projektionsfläche einen Spalt und darunter eine lichtelektrische Meßeinrichtung erhielt. Die optische Einrichtung dieses Gerätes ist in der Abbildung 4 näher erläutert. Die Anordnung der Spalte ist erforderlich, um die Breite des Lichtstrahles einstellen zu können, und um störendes Streulicht zu vermeiden. Auf dem obersten dieser Spalte wird die zu photometrierende Spektrallinie abgebildet, unter den Spalten befindet sich ein SEV-Rohr, das den Photostrom liefert. Dieser ist der auffallenden Lichtintensität streng linear proportional, wie auch bei den späteren Messungen nochmals bestätigt wurde. Als Anzeigegerät dient ein Spiegelgalvanometer, dessen Lichtweg auf 2 x o,65 m verkürzt werden konnte, da das SEV-Rohr eine sehr hohe Verstärkung des elektrischen Stromes der Photozelle ermöglicht. Die Unterbringung von Spiegelgalvanometer und Ableseskala war dadurch auf einem Arbeitstisch von 1 m Breite möglich.

Der Projektions- und Meßtisch kann aus seiner Mittellage heraus nach beiden Seiten mit einer Mikrometerschraube um je 5 mm bewegt werden. Dadurch ist einmal die genaue Einstellung des Schwärzungsmaximums entsprechend dem kleinsten Galvanometerausschlag gewährleistet; außerdem ist es bei engem Meßspalt möglich, den Schwärzungsverlauf über die Linienbreite auszumessen. Das ist wichtig, wenn man untersuchen will, ob eine Linie frei von deckenden Linien im Untergrund ist. Schließlich ist es auch möglich, durch Bewegung des Projektionstisches die Lage auftauchender fremder Linien bei der qualitativen Analyse genau festzulegen. Das Gerät ist damit den Bedingungen der Mikroaufnahme angepaßt. Es umfaßt nicht nur einen Spektrallinienprojektor und ein Spektrallinienphotometer, es ist gleichzeitig ein sehr genau messender Komparator.

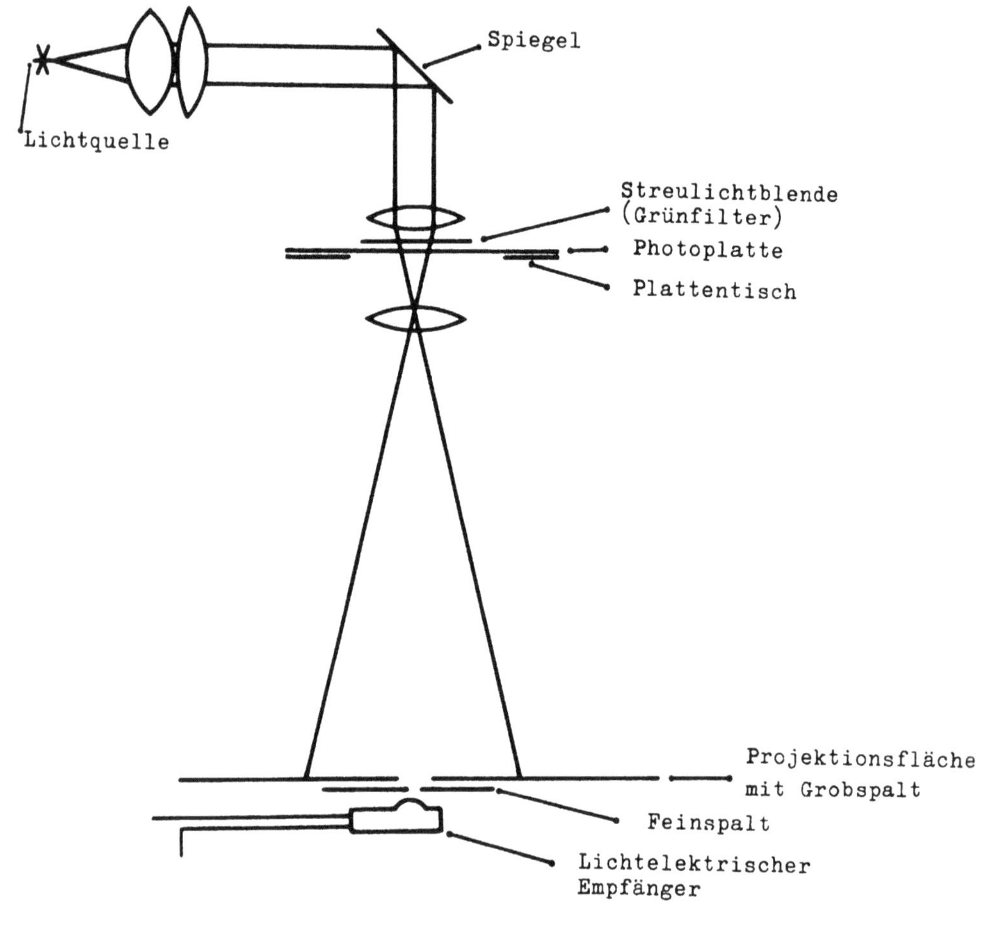

A b b i l d u n g 4a

Strahlengang im Photometer
(Prinzipskizze)

Zur Aufstellung von Schwärzungskurven braucht man Licht abgestufter Intensität. Hierfür kann man grundsätzlich zwei Wege beschreiten. Man kann einerseits bei gleichbleibender Lichtintensität die Belichtungszeiten ändern und andererseits Licht verschiedener Intensität gleichzeitig auf die Platte fallen lassen. Der erste Weg führt nicht zu genauen Ergebnissen, da die photographische Platte bei Anwendung verlängerter Belichtungszeiten nicht völlig die gleiche Schwärzung zeigt wie bei Anwendung entsprechend erhöhter Intensität. Zur Erzeugung von Licht abgestufter Intensität bei gleichen Belichtungszeiten benutzt man Stufenfilter. Das sind zumeist Quarzplatten oder Quarzlinsen, auf die in mehreren parallelen

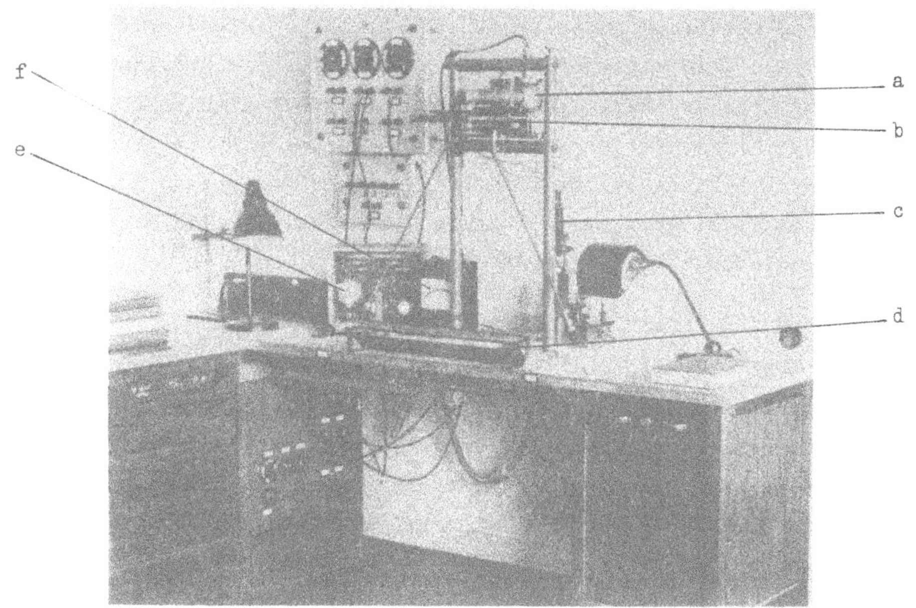

A b b i l d u n g 4b

Arbeitstisch mit Photometer

a Projektionsoptik, b Plattentisch, c Galvanometer, d Ableseskala (dahinter, nicht sichtbar, der Meßtisch), e Netzgerät für Sekundärelektronenvervielfacher, f Voltmeter für Kontrolle der Batteriespannung

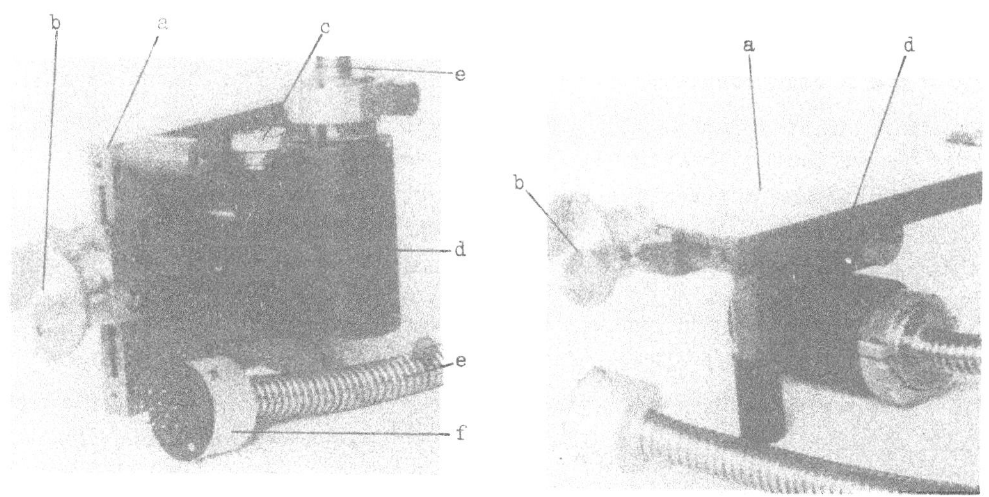

A b b i l d u n g 4c

Der Meßtisch des Photometers

a Projektionsfläche, b Feintransport d. Meßtisches, c Einstellung des Feinspaltes, d Gehäuse mit Sekundärelektronenvervielfacher (SEV), e Kabel zum Netzgerät des SEV, f Kabelschuh

Streifen dünne Metallschichten verschiedener Dicke aufgedampft sind. Die Herstellerfirmen derartiger Stufenfilter geben für die Lichtdurchlässigkeiten dieser Streifen Werte an, die aber nur Anhaltszahlen für die tatsächlichen Durchlässigkeiten sind. Wenn man genauere Werte benötigt, muß man diese durch Eichung selbst ermitteln. Die aufgedampften Schichten sind außerdem nicht ideal grau (vgl. Tabelle 2 und Abb. 7), die Eichung muß daher bei verschiedenen Wellenlängen erfolgen.

a) Die Eichung der Stufenfilter

H. KAISER (5) hat zur Eichung von Stufenfiltern vorgeschlagen, Siebfilter aus Metalldraht-Maschengewebe zu verwenden. Bei nicht zu geringer Maschenweite - zu enge Maschen würden Beugungserscheinungen hervorrufen - sind diese neutral grau, weil die Lichtschwächung ausschließlich auf der Schattenwirkung der Drähte beruht. Bei unseren Versuchen, Tabelle 1, wurde beste Übereinstimmung zwischen der aus der Maschenweite und Drahtstärke berechneten freien Siebfläche der benutzten Maschengewebe und deren Lichtdurchlässigkeit festgestellt.

Mit Maschendrahtsieben verschiedener Lichtdurchlässigkeit wurden nun Schwärzungskurven aufgenommen und mit deren Hilfe das Stufenfilter geeicht. Abb. 5 zeigt die Anordnung der Siebe a im Strahlengang des Spektrographen. Zur Eichung war eine konstant brennende Lichtquelle b erforderlich, die möglichst in dem interessierenden Wellenlängenbereich von 3 000 Å bis 4 000 Å eine kontinuierliche Strahlung liefern mußte. Diese Bedingungen erfüllte nach einer Einbrennzeit die Xenon-Hochdrucklampe nach SCHULZ (6). Die Belichtungszeiten mit dieser intensiven Lampe betrugen 30 sec, deren Einhaltung mit weniger als 0,5 % Fehler notwendig war; dies wurde durch mechanische Kopplung der Auslösungen von Stoppuhr und Spaltverschluß c am Spektrographen erreicht.

Neben den optischen Bedingungen war die der Plattenentwicklung konstant zu halten. Dazu wurde ein Entwicklungsgerät geschaffen, das in Abb. 6 wiedergegeben ist. Über zwei der Länge nach im Entwickler a bzw. Fixierbad b parallel nebeneinander liegende Platten wandert ein weicher Dachshaarpinsel stets in der gleichen Richtung. Er ist etwas breiter als die Platten und wird von einem Motor angetrieben. Die einzelne Platte wird durch diese Vorrichtung elfmal in der Minute vom Pinsel bestrichen. Platten und Entwickler bzw. Fixierbad befinden sich in doppelwandigen Schalen,

A b b i l d u n g 5

Stufenfiltereichung, Anordnung der Siebfilter

a Stativ, b Xenon-Hochdrucklampe, c Spaltkopf der Siebfilter, d Abbildungslinsen, e zwei Siebfilter, f Schutzgitter, g einzelnes Siebfilter, drehbar im Rahmen gelagert

die an einen Thermostaten angeschlossen sind und so auf einer Temperatur von 2o ± o,1° gehalten werden. Die Entwicklung wird mit einer Schaltuhr c eingestellt.

In Abb. 7 sind die Ergebnisse der Eichung des Stufenfilters wiedergegeben. Das gleiche Stufenfilter wurde später bei der Firma Zeiss-Opton[1)] nach einem anderen Verfahren nochmals geprüft. Die beiden Messungen stimmen nach Tabelle 2 ausgezeichnet überein.

[1)] Herrn Dr. HANSEN sei auch an dieser Stelle für die Durchführung der Messungen herzlich gedankt

Abbildung 6

Entwicklermaschine

a Entwickler } doppelwandige Schalen,
b Fixierbad }
c Umlaufthermostat,
d Grundplatte,
e Zeitschaltuhr, f Pinsel

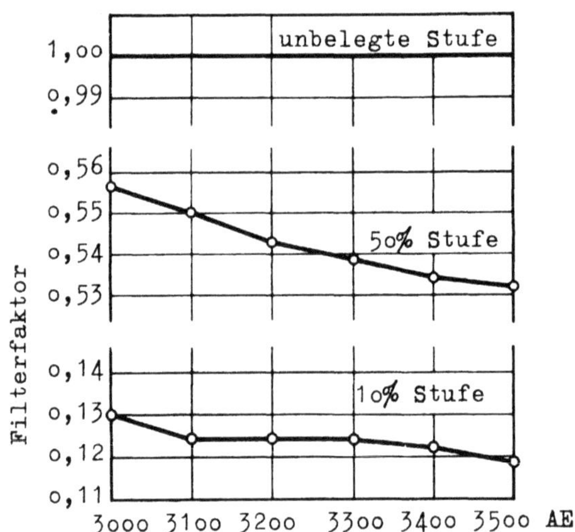

Abbildung 7

Die Eichwerte des Stufenfilters

Tabelle 1

Lichtfilter aus Drahtgewebebespannung

Vergleich der vom Hersteller angegebenen freien Siebfläche mit dem im Photometer gemessenen Filterfaktor

Filter Nr.	Lichte Maschenweite mm	Maschenanzahl/cm^2	Freie Siebfläche %	im Photometer gemessenen Filterfaktor
1	o,3o	4oo	36	o,363
2	o,2o	9oo	37	o,375
3	o,43	237	44	o,441
4	o,61	132	49	o,484
5	o,83	91	62	o,625

Tabelle 2

Stufenfiltereichung

Wellenlänge Å	Messung über photographische Platte (MPI)[1]		Messung lichtelektrisch (Zeiss-Opton)[2]	
	Filterstufe 1o %	5o %	1o%	5o %
3 ooo	13,1	55,6	13,o	55,7
3 1oo	12,5	55,o	12,5	54,9
3 2oo	12,5	54,5	12,4	54,3
3 3oo	12,5	53,9	12,5	53,9
3 4oo	12,3	53,4	12,3	53,5
3 5oo	12,o	53,2	12,1	53,1

1) gemessen an dem vor dem Spektrographenspalt befindlichen Teil der Filterstreifen

2) Mittelwert jeweils eines gesamten Filterstreifens

Tabelle 3
Nachweislinien für die qualitative Analyse

Element	Wellenlänge Å	Element	Wellenlänge Å
Silizium	2516.123 2881.578	Zirkon	3391.975 3438.23o
Aluminium	3961.527 2944.o32 3o92.713	Niob	3o94.183 313o.786
Mangan	4o33.o73 2933.o63 2576.1o4	Tantal	2685.11 2635.583
Eisen	2755.74 2599.396	Molybdän	2816.154 2871.5o8 2848.232
Kalzium	3933.666 3179.332	Wolfram	2397.o91 2589.341
Magnesium	28o2.695 2852.129	Nickel	3414.765 2394.516
Chrom	3578.687 2678.792	Kupfer	3273.962 3247.54o
Vanadin	31o2.299 3o93.1o8		

Tabelle 4

Die zur Analyse der Oxydeinschlüsse benutzten Linienpaare

Element	Wellenlänge Å
Aluminium	3092.713
Kobalt	3072.344
Mangan	2933.063
Kobalt	2987.162
Magnesium	2852.129
Kobalt	2987.162
Chrom	2678.792
Kobalt	2663.529
Eisen	2599.396
Kobalt	2648.635
Silizium	2516.123
Kobalt	2544.253
Titan	3241.986
Kobalt	3287.194
Kalzium	3179.332
Kobalt	3147.064

Tabelle 5

Analysenlinienpaare für die Analyse der Karbide

Element	Wellenlänge Å
Vanadin	3102.299
Kobalt	3072.344
Wolfram	2589.341
Kobalt	2544.253
Molybdän	2909.116
Kobalt	2987.162
Zirkon	3391.975
Kobalt	3287.194
Niob	3094.183
Kobalt	3072.344
Tantal	2685.11
Kobalt	2663.529
Nickel	2394.516
Kobalt	2544.253
Kupfer	3247.540
Kobalt	3147.064

b) Aufstellung der Schwärzungskurven

Mit Hilfe des geeichten Stufenfilters konnten nun die Schwärzungskurven und ihre Abhängigkeit von der Wellenlänge für die benutzten Plattensorten aufgenommen werden. Abb. 8 zeigt die Schwärzungskurven einer Reihe von Spektralplatten für λ = 3 100 Å. Man kann danach zu der gestellten mikroanalytischen Aufgabe die geeignete photographische Platte auswählen.

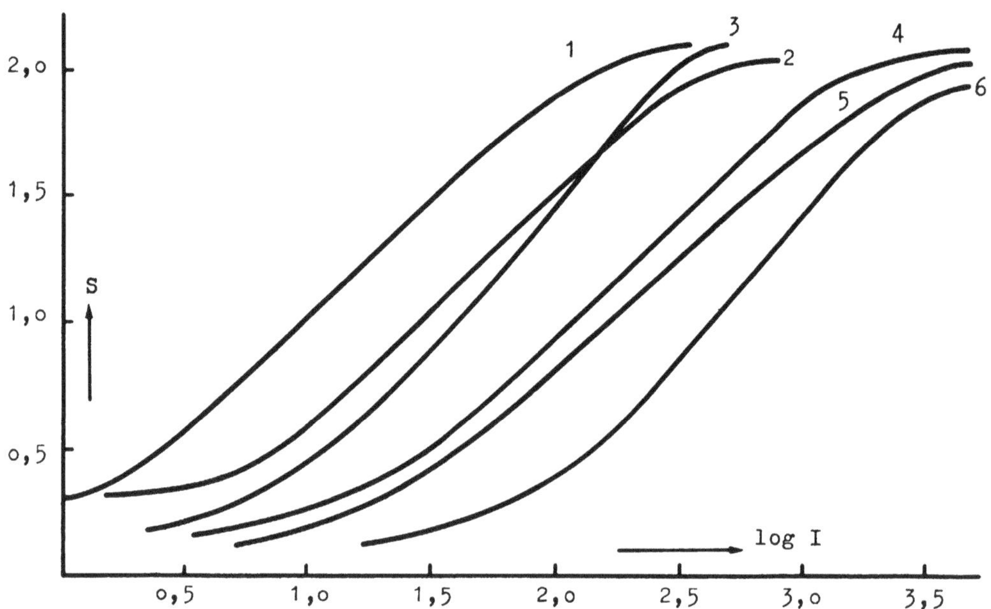

A b b i l d u n g 8

Schwärzungskurven verschiedener Plattensorten

1 Kodak Spectrum Analysis Nr. 1, 2 Perutz Nr. 450, 3 Kodak Scientific IIIc, 4 Perutz Nr. 550, 5 Kodak Spectrum Analysis Nr. 2, 6 Agfa Bia extra hart

III. Die Analyse isolierter Oxydeinschlüsse

Die mikroanalytischen Untersuchungen der isolierten Oxydeinschlüsse wurden im ultravioletten Spektralbereich mit dem Zeiss-Quarz-Spektrographen Q 24 ausgeführt. Bei Verwendung eines Glasspektrographen müssen andere Linienpaare als die im Folgenden angegebenen ausgewählt werden. Es bestehen dann allerdings Schwierigkeiten bei der Bestimmung niedriger Siliziumgehalte, da keine der im sichtbaren Gebiet liegenden Siliziumlinien ausreichende Empfindlichkeit besitzt. In Tabelle 4 sind die Analysenlinien der einzelnen Elemente mit den einzelnen Kobalt-Vergleichslinien zusammengestellt.

a) Abhängigkeit der Konzentration von der Intensität der Spektrallinien

Mit der Aufstellung der Schwärzungskurven sind die Voraussetzungen zur Messung der Linienintensitäten und zur Aufstellung der Schaubilder gegeben, die die Abhängigkeit der Konzentration des emittierenden Elements von der Linienintensität wiedergeben. Die Eichungen wurden mit Hilfe von oxydischen Mineralien sowie reinen Oxyden und deren Gemischen aufgestellt. Die chemische Vorbereitung ist im Rahmen der Analysenvorschriften ausführlich beschrieben. Die erhaltenen Kurven (Abb. 9 bis 11) sind von den verwendeten Plattensorten unabhängig. Sie hängen nur noch von der Anregung und den optischen Eigenschaften des Spektrographen ab, sie behalten, wenn man diese hinreichend konstant hält, ihre Gültigkeit auch bei Verwendung anderer Verfahren der Lichtmessung. Nach einigen Umrechnungen sind die erhaltenen Kurven auch bei Verwendung anderer Spektrographen gültig. Neben dem eingangs hervorgehobenen grundsätzlichen Vorteil der Spektralanalyse, ihrer hohen Empfindlichkeit, ergibt sich dadurch als weiterer die Übertragbarkeit des Verfahrens auf andere Laboratorien und der Vergleich mit diesen. Bei den üblichen spektralanalytischen Untersuchungen war ein solcher Vergleich bisher nicht möglich.

Die Messung über die Lichtintensität mit Hilfe der Schwärzungsfunktion erlaubt nun, das Gebiet der Unterbelichtung der Platten soweit auszunutzen, wie es die Genauigkeit der photometrischen Messung zuläßt. Das bringt für die mikroanalytische Aufgabe wertvollen Gewinn an Empfindlichkeit. Es darf dabei allerdings nicht verkannt werden, daß mit sinkender Konzentration wie auch bei anderen analytischen Untersuchungen der mittlere Fehler der Einzelmessung ansteigt.

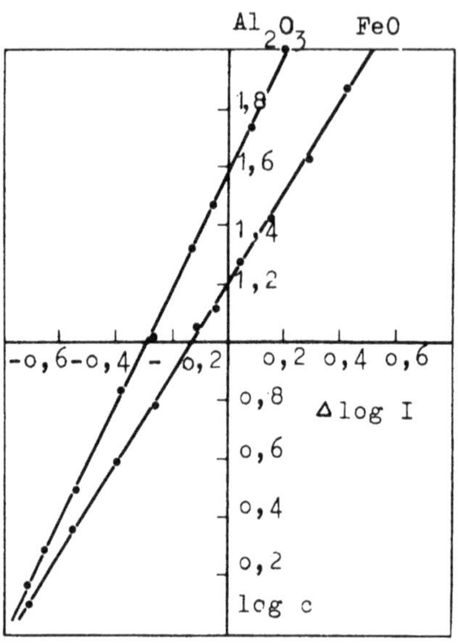

A b b i l d u n g 9

Eichschaubilder Oxydeinschlüsse
Aluminium und Eisen

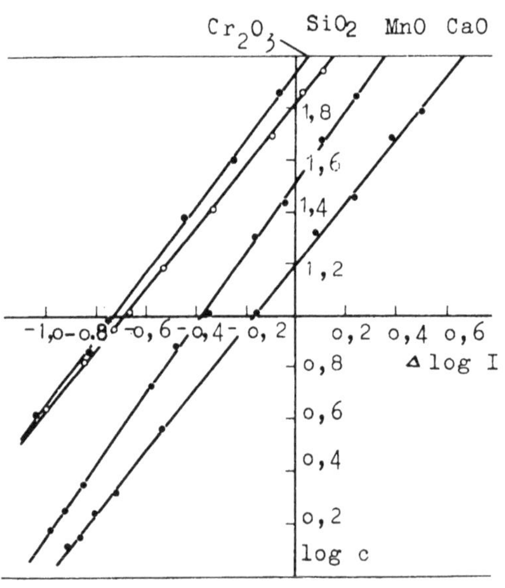

A b b i l d u n g 1o

Eichschaubilder Oxydeinschlüsse
Chrom, Silizium, Mangan, Kalzium

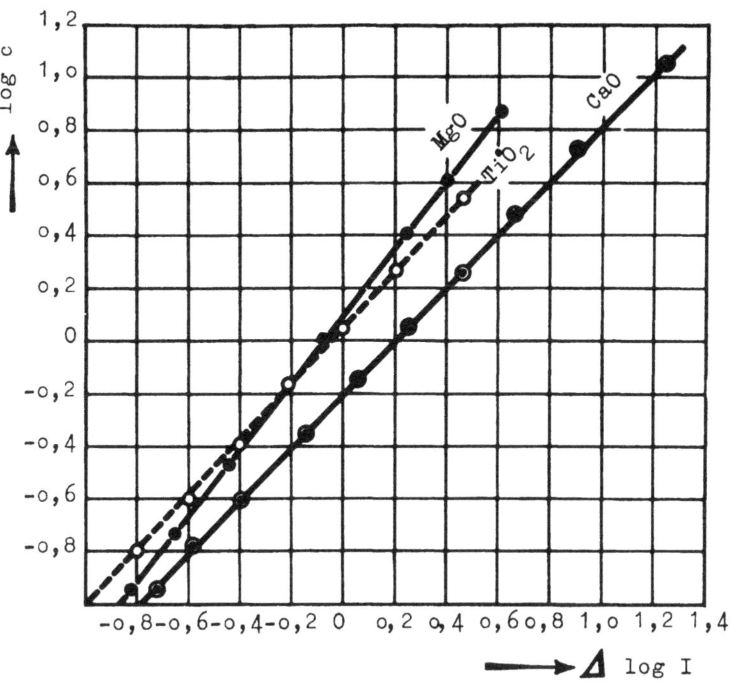

A b b i l d u n g 11

Eichschaubilder Oxydeinschlüsse
Magnesium, Titan, Kalzium (geringe Gehalte)

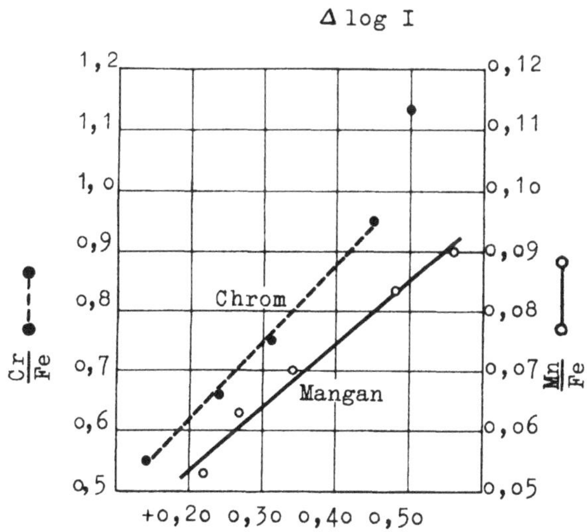

Eichschaubilder Karbide
Chrom und Mangan, bezogen auf Eisen

b) Durchführung der Analyse

Zur Analyse eines isolierten Oxydeinschlusses wägt man auf einer Torsionsmikrowaage o,3 bis 1 mg Oxyde ein. Diese Einwaage wird in einem Platintiegel von 1 cm^3 Fassungsvermögen mit einer gewogenen, etwa vierzigfachen Menge an spektralreinem Borax in einer Gebläseflamme geschmolzen. Die Schmelze bildet sich zu einem leicht beweglichen Tropfen aus, den man durch Schwenken des Tiegels so leitet, daß alle feinen Teilchen der Einwaage davon erfaßt werden.

Die erkaltete Schmelze wird im Tiegel mit einer Lösung versetzt, die 1o % Zitronensäure und 1 % Kobalt enthält. Man gibt dabei soviel Lösung zu, daß die zugefügte Kobaltmenge genau das Zehnfache der Einwaage beträgt. Die Lösungsmenge wird mit einer Mikrobürette bestimmt. Der Tiegel mit der Lösung wird nun auf einer Analysenwaage gewogen und dann solange in einen Trockenschrank bei 8o° gebracht, bis eine klare Lösung entstanden ist. Die in dieser Zeit, etwa 2o Minuten, verdunstete Wassermenge wird durch erneutes Wägen festgestellt und durch destilliertes Wasser, wiederum aus einer Mikrobürette , ergänzt.

Für die Spektralaufnahme wird die Lösung mit Hilfe einer Kapillarpipette auf eine Kohle von 5 mm Durchmesser und 1o mm Länge gebracht, die vorher durch kurzes Abfunken von oberflächlichen Verunreinigungen gesäubert wurde. Dabei läßt man o,o2 cm^3 der Lösung auf die heiße Kohle fließen und 3o sec eintrocknen. Dann funkt man 1 min lang vor und belichtet daraufhin 2 min lang. Danach wird die Kohle erneut mit o,o2 cm^3 beschickt, nochmals 1 min vorgefunkt und wieder 2 min belichtet. Die Bogenaufnahmen werden auf die gleiche Weise durchgeführt, doch wird dabei nach 1 min Vorfunkzeit wegen der hohen Lichtstärke des Bogens die Belichtung auf 1 sec herabgesetzt. Bei allen Aufnahmen wird das geeichte Stufenfilter vor dem Spalt angebracht. Durch gleichzeitige Aufnahme durch verschiedene Filterstufen entstehen auf diesen Platten - also bei gleichen Entwicklungsverhältnissen - Spektren mit bekannter Intensitätsabstufung. So ist jede Platte in sich geeicht.

Die elektrischen Daten der Anregungen sind bei der Funkenaufnahme und beim Vorfunken: Feussner-Funkenerzeuger, Kapazität 2 8oo pF, Selbstinduktion o,8 mHy, Sekundärspannung 12 ooo V; bei der Bogenaufnahme: Gleichstromabreißbogen mit Pfeilstickerabreißbogengerät, Kurzschlußstromstärke 8 A, 16o Zündungen/min, Verhältnis Brennzeit : Pause 1 : 1o.

Nach der Aufnahme wird die Platte in der beschriebenen Entwicklermaschine entwickelt und in einem Spezialtrockenschrank getrocknet. Die Entwicklungszeiten betrugen in unserem Fall stets 3½ min, die Fixierung 6 min. Dazwischen wird 15 sec in verdünnter Essigsäure unterbrochen. Die bei der Herstellung der Eichkurven gewählten Entwicklungsbedingungen müssen genau eingehalten werden. Wenn es möglich ist, wird zur Schwärzungsmessung bei der Auswertung der geradlinige Teil der Schwärzungskurve benutzt. Man mißt dazu die Intensität stets in der hierfür geeignetsten Filterstufe. Neben jeder Linienintensitätsmessung wird eine Messung des Untergrundes dicht neben der Linie durchgeführt. Die Berücksichtigung des Untergrundes bei der Berechnung der Linienintensität wird mit Hilfe des von H. KAISER (7) beschriebenen Rechengerätes durchgeführt.

Berechnet man die Zusammensetzung der Oxydeinschlüsse aus dem so erhaltenen Ergebnis in Prozenten, so ergeben sich im allgemeinen Summen zwischen 95 und 105 %. Die Abweichungen in der Größenordnung von 5 % sind größtenteils durch Ungenauigkeiten bei der Einwaage und bei der Bemessung des Kobaltzusatzes bedingt, die beide kaum unter einen mittleren Fehler von einigen Prozenten gebracht werden können. Diese beiden Fehlerursachen wirken sich auf alle bestimmten Komponenten gleichmäßig aus. Man wird die Unterschiede, die man von 100 % erhält, daher zweckmäßig durch eine Rechnung ausgleichen, indem man jede Einzelbestimmung um den Anteil erhöht bzw. erniedrigt, der der Differenz der Gesamtsumme von 100 entspricht.

IV. Die Analyse isolierter Karbide

Auch bei der Analyse der isolierten Karbide kommt neben den Hauptkomponenten der Bestimmung aller der Elemente eine große Bedeutung zu, die nur in geringerer Konzentration anzutreffen sind. Bei diesen handelt es sich vornehmlich um die Elemente, die im Stahl nicht zu den Karbidbildnern gehören, sondern sich im Ferrit anreichern, wie z.B. Nickel, Silizium, Kupfer u.a.m. Auch hier benutzt man zweckmäßig zur Bestimmung der Hauptkomponenten ein Funkenspektrum, für die Nebenkomponenten ein Bogenspektrum. Zur Untersuchung der isolierten Karbide lassen sich grundsätzlich beide eingangs beschriebenen Verfahren anwenden, eine Lösungsspektralanalyse oder die Verwendung von Preßlingen.

a) Lösungsspektralanalyse

Durch Glühen an der Luft werden die Karbide oxydiert. Das erhaltene Oxyd wird nach dem gleichen Verfahren analysiert wie die oxydischen Einschlüsse. Es werden wiederum zur Analyse nur o,3 bis 1 mg Substanz benötigt. Das Verfahren ist besonders zur Durchführung einer schnellen qualitativen und halbquantitativen Übersichtsanalyse von Karbiden noch unbekannter Zusammensetzung geeignet.

Da in den Karbiden eine Reihe von Elementen enthalten sind, die in den oxydischen Einschlüssen nicht vorkommen, braucht man eine Reihe weiterer Analysenlinienpaare. In Tabelle 5 sind die wichtigsten angegeben. Wegen der Beimengung des Kobalts als Bezugselement läßt sich der Kobaltgehalt in den Karbiden auf diese Weise nicht bestimmen. Zum Nachweis von Kobalt ist ein weiterer Aufschluß von nur o,1 mg Oxyd erforderlich, der dann ohne Kobaltzusatz aufgenommen wird.

b) Analyse mit Hilfe von Karbidpreßlingen

Die Spektraluntersuchung der isolierten Karbide mit Hilfe von Preßlingen erfordert wesentlich mehr Stoff, wenigstens 2o mg. Die Preßlinge werden, wie auf Seite 7 beschrieben, mit Hilfe der zylindrischen Röhrchen aus Sinterkorund hergestellt. Der Abstand zwischen den Stirnflächen beider Preßlinge beträgt bei Funken- und Bogenaufnahmen 2 mm. Die Daten der Aufnahmen sind in unserem Fall:

Funkenaufnahme mit dem Feussner-Funkenerzeuger, Kapazität 6 ooo pF,
Selbstinduktion o,8 mHy, Sekundärspannung 9 ooo $V^{eff.}$,
Belichtungszeit einer Einzelaufnahme 5 min.
Bogenaufnahme: Gleichstromabreißbogen mit dem Pfeilstickerabreißbogengerät, Kurzschlußstromstärke 5 A, 16o Zündungen/min,
Verhältnis Brennzeit : Pause 1 : 1o.
Belichtungszeit einer Einzelaufnahme 3o sec.

Auch hier werden drei Funken- und drei Bogenspektren aufgenommen und ein weiteres für die qualitative Analyse. Da die Preßlinge sich wie Metallelektroden verhalten, wird bei der Auswertung, ähnlich wie bei der spektralanalytischen Untersuchung von Metallen, das Verhältnis der Konzentration eines Legierungselementes zum Grundelement festgelegt.

In den Eisenkarbiden ist der Eisengehalt geringer als im Stahl und schwankt mit dem Gehalt an Legierungselementen von Fall zu Fall. Er muß daher stets gesondert bestimmt werden, ebenso wie auch der Kohlenstoff. In unserem Fall geschah das mikroanalytisch nach bekanntem Verfahren (8) mit Einwaagen von 5 mg. Mit Eisen als Bezugselement lassen sich dann ohne größere Schwierigkeiten die anderen Elemente spektrographisch bestimmen.

Bei der Auswertung wird der gleiche Weg beschritten wie bei der Lösungsspektralanalye. Zu jeder Linie wird unter Berücksichtigung des Untergrundes im Spektrum aus der zugehörigen Schwärzungskurve die relative Intensität ermittelt, daraus das Intensitätsverhältnis berechnet und mit Hilfe von Intensitäts-Konzentrationsschaubildern daraus die Analyse ermittelt. Abb. 12 gibt als Beispiel die Eichkurven für die Bestimmung der Konzentrationsverhältnisse des Eisens zu den Elementen Mangan und Chrom wieder. Auf gleiche Weise werden alle anderen metallischen Bestandteile der Eisenkarbide wie Nickel, Kobalt, Silizium u.a. bestimmt.

Bei der Isolierung der Karbide werden diese vor der Trocknung mit Alkohol gewaschen. Da die isolierten Karbide sehr leicht oxydieren, kann die Trocknung nur bei verhältnismäßig niedrigen Temperaturen (100° - 150°) erfolgen. Unter diesen Umständen verbleiben gewisse Mengen an Alkohol adsorptiv gebunden, deren Betrag nicht durch Analyse bestimmt werden kann. Neben dem Alkohol enthalten die Karbide noch in kleinen Mengen Oxydeinschlüsse und Sulfide. Das Karbid macht etwa 90 bis 95 % des Isolats aus. Der mikroanalytisch bestimmte Eisengehalt, auf den sich die Spektralanalyse stützt, entstammt praktisch nur den Karbiden, da die Eisenmengen in den Oxydeinschlüssen und Sulfiden gegenüber denen im Eisenkarbid gering sind. Die Beimengungen bewirken jedoch, daß der ermittelte Eisengehalt nicht dem der Karbide entspricht, sondern um den Prozentsatz niedriger ist, den die Verunreinigungen ausmachen. Berechnet man aus der mikroanalytischen Eisenbestimmung und der Spektralanalyse die Zusammensetzung der Karbide, so erreicht die Summe der analysierten Bestandteile nicht 100 %, da der Alkohol und die Verunreinigungen bei der Analyse nicht erfaßt werden. Die nicht erfaßten Bestandteile gehören aber auch nicht zum Karbid. Die eigentliche Karbidzusammensetzung muß daher aus dem analytischen Ergebnis erst durch Umrechnung der Summe aller analysierten Bestandteile auf 100 % ermittelt werden.

Bei legierten Stählen ist vielfach in den Karbiden das Eisen nur noch in untergeordneter Konzentration vorhanden. Bei der Auswertung werden dann die einzelnen Elemente nicht mehr auf das Eisen bezogen, sondern stets auf den Hauptbestandteil, bei Chromkarbiden also z.B. auf den Chromgehalt, bei Vanadinkarbiden auf den Vanadingehalt.

Der Zeitaufwand

Vergleicht man den Zeitaufwand der mikrochemischen Analyse mit dem der Spektralanalyse, so ergibt sich, daß man etwa 8 isolierte Oxydeinschlüsse am Tag zu analysieren vermag gegenüber etwa 6 mikrochemischen Analysen gleicher Art in der Woche. Isolierte Karbide lassen sich spektralanalytisch etwa 15 am Tag analysieren. Zu diesem Arbeitsaufwand kommt der hinzu, der für die mikroanalytische Bestimmung des Eisens und des Kohlenstoffs aufzuwenden ist. Er beträgt etwa 1 Stunde für jede Probe. Der Vergleich zeigt daher, daß der Arbeitsaufwand bei der Untersuchung isolierter Oxydeinschlüsse und Karbide durch Zuhilfenahme der Spektralanalyse von im Mittel 1 Tag auf etwa 1 bis 2 Stunden herabgesenkt werden konnte.

Zusammenfassung

Die mikroanalytische Untersuchung isolierter Gefügebestandteile erfordert einen großen Zeitaufwand, der sich verringern läßt, wenn man einen Teil der Untersuchungen spektrochemisch durchführt. Die dazu entwickelten spektrochemischen Verfahren mußten auf die besonderen Bedingungen der Mikroanalyse abgestellt werden. Das erforderte, daß man bei der Auswertung der Spektrogramme aus den Plattenschwärzungen zunächst die relativen Intensitäten und dann aus diesen die Zusammensetzung des Probegutes ermittelte. Es gelang so, mit einer Mindestmenge an Probegut von nur o,3 bis 2o mg qualitative und quantitative Analysen von Haupt- und Nebenbestandteilen isolierter Oxydeinschlüsse und qualitative und quantitative Bestimmungen der Legierungselemente in Eisenkarbiden durchzuführen. Die dazu erforderlichen umfangreichen Eicharbeiten werden näher beschrieben.

Die bei den mikroanalytischen Untersuchungen benötigten Arbeitszeiten konnten dabei von im Mittel einem Arbeitstag auf etwa ein bis zwei Stunden herabgesetzt werden.

Dr. phil. W. KOCH
Dipl.-Chem. S. ECKHARD

Literaturverzeichnis

1) G. SCHEIBE und J. MARTIN: Spectrochim. Acta 1 (1941) S. 47

2) P. KLINGER und O. SCHLIESSMANN: Arch. Eisenhüttenw. 2o (1949) S. 219

3) G. THANHEISER und J. HEYES: Arch. Eisenhüttenw. 14 (194o/41) S. 54o

4) W. KOCH, H.J. ROCHA und H. HULKE: In "Beiträge zur metallkundlichen Analyse", Düsseldorf 1949, Verlag Stahleisen

5) H. KAISER: Spectrochimica Acta 3 (1947/49) S. 518

6) P. SCHULZ: Ann. Phys. 1 (1947) S. 95, 1o7

7) H. KAISER: Spectrochimica Acta 4 (195o/52) S. 351

8) Handbuch für das Eisenhüttenlaboratorium, Bd. 2, S. 486
Verlag Stahleisen, Düsseldorf 1941

FORSCHUNGSBERICHTE
DES WIRTSCHAFTS- UND VERKEHRSMINISTERIUMS
NORDRHEIN-WESTFALEN

Herausgegeben von Ministerialdirektor Prof. Leo Brandt

Heft 1:
Prof. Dr.-Ing. Eugen Flegler, Aachen,
Untersuchungen oxydischer Ferromagnet-Werkstoffe

Heft 2:
Prof. Dr. phil. Walter Fuchs, Aachen,
Untersuchungen über absatzfreie Teeröle

Heft 3:
Techn.-Wissenschaftl. Büro für die Bastfaserindustrie, Bielefeld,
Untersuchungsarbeiten zur Verbesserung des Leinenwebstuhls

Heft 4:
Prof. Dr. E. A. Müller u. Dipl.-Ing. H. Spitzer, Dortmund,
Untersuchungen über die Hitzebelastung in Hüttenbetrieben

Heft 5:
Dipl.-Ing. Werner Fister, Aachen,
Prüfstand der Turbinenuntersuchungen

Heft 6:
Prof. Dr. phil. Walter Fuchs, Aachen,
Untersuchungen über die Zusammensetzung und Verwendbarkeit von Schwelteerfraktionen

Heft 7:
Prof. Dr. phil. Walter Fuchs, Aachen,
Untersuchungen über emsländisches Petrolatum

Heft 8:
Maria Elisabeth Meffert und Heinz Stratmann, Essen
Algen-Großkulturen im Sommer 1951

Heft 9:
Techn.-Wissenschaftl. Büro für die Bastfaserindustrie, Bielefeld,
Untersuchungen über die zweckmäßige Wicklungsart von Leinengarnkreuzspulen unter Berücksichtigung der Anwendung hoher Geschwindigkeiten des Garnes
Vorversuche für Zetteln und Schären von Leinengarnen auf Hochleistungsmaschinen

Heft 10:
Prof. Dr. Wilhelm Vogel, Köln,
„Das Streifenpaar" als neues System zur mechanischen Vergrößerung kleiner Verschiebungen und seine technischen Anwendungsmöglichkeiten

Heft 11:
Laboratorium für Werkzeugmaschinen und Betriebslehre, Technische Hochschule Aachen,
1. Untersuchungen über Metallbearbeitung im Fräsvorgang mit Hartmetallwerkzeugen und negativem Spanwinkel
2. Weiterentwicklung des Schleifverfahrens für die Herstellung von Präzisionswerkstücken unter Vermeidung hoher Temperaturen
3. Untersuchung von Oberflächenveredlungsverfahren zur Steigerung der Belastbarkeit hochbeanspruchter Bauteile

Heft 12:
Elektrowärme-Institut, Langenberg (Rhld.),
Induktive Erwärmung mit Netzfrequenz

Heft 13:
Techn.-Wissenschaftl. Büro für die Bastfaserindustrie, Bielefeld,
Das Naßspinnen von Bastfasergarnen mit chemischen Zusätzen zum Spinnbad

Heft 14:
Forschungsstelle für Acetylen, Dortmund,
Untersuchungen über Aceton als Lösungsmittel für Acetylen

Heft 15:
Wäschereiforschung Krefeld,
Trocknen von Wäschestoffen

Heft 16:
Max-Planck-Institut für Kohlenforschung, Mülheim a. d. Ruhr,
Arbeiten des MPI für Kohlenforschung

Heft 17:
Ingenieurbüro Herbert Stein, M. Gladbach,
Untersuchung der Verzugsvorgänge in den Streckwerken verschiedener Spinnereimaschinen. 1. Bericht: Vergleichende Prüfung mit verschiedenen Dickenmeßgeräten

Heft 18:
Wäschereiforschung Krefeld,
Grundlagen zur Erfassung der chemischen Schädigung beim Waschen

Heft 19:
Techn.-Wissenschaftl. Büro für die Bastfaserindustrie, Bielefeld,
Die Auswirkung des Schlichtens von Leinengarnketten auf den Verarbeitungswirkungsgrad, sowie die Festigkeits- und Dehnungsverhältnisse der Garne und Gewebe

Heft 20:
Techn.-Wissenschaftl. Büro für die Bastfaserindustrie, Bielefeld,
Trocknung von Leinengarnen I
Vorgang und Einwirkung auf die Garnqualität

Heft 21:
Techn.-Wissenschaftl. Büro für die Bastfaserindustrie, Bielefeld,
Trocknung von Leinengarnen II
Spulenanordnung und Luftführung beim Trocknen von Kreuzspulen

Heft 22:
Techn.-Wissenschaftl. Büro für die Bastfaserindustrie, Bielefeld,
Die Reparaturanfälligkeit von Webstühlen

Heft 23:
Institut für Starkstromtechnik, Aachen,
Rechnerische und experimentelle Untersuchungen zur Kenntnis der Metadyne als Umformer von konstanter Spannung auf konstanten Strom

Heft 24:
Institut für Starkstromtechnik, Aachen,
Vergleich verschiedener Generator-Metadyne-Schaltungen in bezug auf statisches Verhalten

Heft 25:
Gesellschaft für Kohlentechnik mbH., Dortmund-Eving,
Struktur der Steinkohlen und Steinkohlen-Kokse

Heft 26:
Techn.-Wissenschaftl. Büro für die Bastfaserindustrie, Bielefeld,
Vergleichende Untersuchungen zweier neuzeitlicher Ungleichmäßigkeitsprüfer für Bänder und Garne hinsichtlich ihrer Eignung für die Bastfaserspinnerei

Heft 27:
Prof. Dr. E. Schratz, Münster,
Untersuchungen zur Rentabilität des Arzneipflanzenanbaues
Römische Kamille, Anthemis nobilis L.

Heft: 28:
Prof. Dr. E. Schratz, Münster,
Calendula officinalis L.
Studien zur Ernährung, Blütenfüllung und Rentabilität der Drogengewinnung

Heft 29:
Techn.-Wissenschaftl. Büro für die Bastfaserindustrie, Bielefeld,
Die Ausnützung der Leinengarne in Geweben

Heft 30:
Gesellschaft für Kohlentechnik mbH., Dortmund-Eving,
Kombinierte Entaschung und Verschwelung von Steinkohle; Aufarbeitung von Steinkohlenschlämmen zu verkokbarer oder verschwelbarer Kohle

Heft 31:
Dipl.-Ing. Störmann, Essen,
Messung des Leistungsbedarfs von Doppelsteg-Kettenförderern

VERÖFFENTLICHUNGEN
DER ARBEITSGEMEINSCHAFT FÜR FORSCHUNG
DES LANDES NORDRHEIN-WESTFALEN

Im Auftrage des Ministerpräsidenten Karl Arnold

Herausgegeben von Ministerialdirektor Prof. Leo Brandt

Heft 1:

Prof. Dr.-Ing. Friedrich Seewald, Technische Hochschule Aachen,
Neue Entwicklungen auf dem Gebiete der Antriebsmaschinen

Prof. Dr.-Ing. Friedrich A. F. Schmidt, Technische Hochschule Aachen,
Technischer Stand und Zukunftsaussichten der Verbrennungsmaschinen, insbesondere der Gasturbinen

Dr.-Ing. R. Friedrich, Siemens-Schuckert-Werke A.-G., Mülheimer Werk,
Möglichkeiten und Voraussetzungen der industriellen Verwertung der Gasturbine

Heft 2:

Prof. Dr.-Ing. Wolfgang Riezler, Universität Bonn,
Probleme der Kernphysik

Prof. Dr. phil. Fritz Micheel, Universität Münster,
Isotope als Forschungsmittel in der Chemie und Biochemie

Heft 3:

Prof. Dr. med. Emil Lehnartz, Universität Münster,
Der Chemismus der Muskelmaschine

Prof. Dr. med. Gunther Lehmann, Direktor des Max-Planck-Instituts für Arbeitsphysiologie, Dortmund,
Physiologische Forschung als Voraussetzung der Bestgestaltung der menschlichen Arbeit

Prof. Dr. Heinrich Kraut, Max-Planck-Institut für Arbeitsphysiologie, Dortmund,
Ernährung und Leistungsfähigkeit

Heft 4:

Prof. Dr. Franz Wever, Max-Planck-Institut für Eisenforschung, Düsseldorf,
Aufgaben der Eisenforschung

Prof. Dr.-Ing. Hermann Schenck, Technische Hochschule Aachen,
Entwicklungslinien des deutschen Eisenhüttenwesens

Prof. Dr.-Ing. Max Haas, Techn. Hochschule Aachen,
Wirtschaftliche und technische Bedeutung der Leichtmetalle und ihre Entwicklungsmöglichkeiten

Heft 5:

Prof. Dr. med. Walter Kikuth, Medizinische Akademie Düsseldorf,
Virusforschung

Prof. Dr. Rolf Danneel, Universität Bonn,
Fortschritte der Krebsforschung

Prof. Dr. med. Dr. phil. W. Schulemann, Univ. Bonn,
Wirtschaftliche und organisatorische Gesichtspunkte für die Verbesserung unserer Hochschulforschung

Heft 6:

Prof. Dr. Walter Weizel, Institut für theoretische Physik, Bonn,
Die gegenwärtige Situation der Grundlagenforschung in der Physik

Prof. Dr. Siegfried Strugger, Universität Münster,
Das Duplikantenproblem in der Biologie

Prof. Dr. Rolf Danneel, Universität Bonn,
Über das Verhalten der Mitochondrien bei der Mitose der Mesenchymzellen des Hühner-Embryos

Direktor Dr. Fritz Gummert, Ruhrgas A.-G., Essen,
Überlegungen zu den Faktoren Raum und Zeit im biologischen Geschehen und Möglichkeiten einer Nutzanwendung

Heft 7:
Prof. Dr.-Ing. August Götte, Technische Hochschule Aachen,
Steinkohle als Rohstoff und Energiequelle
Prof. Dr. e. h. Karl Ziegler, Max-Planck-Institut für Kohlenforschung Mülheim a. d. Ruhr,
Über Arbeiten des Max-Planck-Instituts für Kohlenforschung

Heft 8:
Prof. Dr.-Ing. Wilhelm Fucks, Technische Hochschule Aachen,
Die Naturwissenschaft, die Technik und der Mensch
Prof. Dr. sc. pol. Walther Hoffmann, Universität Münster,
Wirtschaftliche und soziologische Probleme des technischen Fortschritts

Heft 9:
Prof. Dr.-Ing. Franz Bollenrath, Technische Hochschule Aachen,
Zur Entwicklung warmfester Werkstoffe
Dr. Heinrich Kaiser, Staatl. Materialprüfungsamt Dortmund,
Stand spektralanalytischer Prüfverfahren und Folgerung für deutsche Verhältnisse

Heft 10:
Prof. Dr. Hans Braun, Universität Bonn,
Möglichkeiten und Grenzen der Resistenzzüchtung
Prof. Dr.-Ing. Carl Heinrich Dencker, Universität Bonn,
Der Weg der Landwirtschaft von der Energieautarkie zur Fremdenergie

Heft 11:
Prof. Dr.-Ing. Herwart Opitz, Technische Hochschule Aachen,
Entwicklungslinien der Fertigungstechnik in der Metallbearbeitung
Prof. Dr.-Ing. Karl Krekeler, Technische Hochschule Aachen,
Stand und Aussichten der schweißtechnischen Fertigungsverfahren

Heft: 12
Dr. Hermann Rathert, Mitglied des Vorstandes der Vereinigten Glanzstoff-Fabriken A.-G., Wuppertal-Elberfeld,
Entwicklung auf dem Gebiet der Chemiefaser-Herstellung
Prof. Dr. Wilhelm Weltzien, Direktor der Textilforschungsanstalt Krefeld,
Rohstoff und Veredlung in der Textilwirtschaft

Heft: 13
Dr.-Ing. e. h. Karl Herz, Chefingenieur im Bundesministerium für das Post- und Fernmeldewesen Frankfurt a. Main,
Die technischen Entwicklungstendenzen im elektrischen Nachrichtenwesen
Ministerialdirektor Dipl.-Ing. Leo Brandt, Düsseldorf,
Navigation und Luftsicherung

Heft 14:
Prof. Dr. Burckhardt Helferich, Universität Bonn,
Stand der Enzymchemie und ihre Bedeutung
Prof. Dr. med. Hugo W. Knipping, Direktor der Med. Universitätsklinik Köln,
Ausschnitt aus der klinischen Carcinomforschung am Beispiel des Lungenkrebses

Heft 15:
Prof. Dr. Abraham Esau, Technische Hochschule Aachen,
Die Bedeutung von Wellenimpulsverfahren in Technik und Natur
Prof. Dr.-Ing. Eugen Flegler, Technische Hochschule Aachen,
Die ferromagnetischen Werkstoffe in der Elektrotechnik und ihre neueste Entwicklung

Heft 16:
Prof. Dr. rer. pol. Rudolf Seyffert, Universität Köln,
Die Problematik der Distribution
Prof. Dr. rer. pol. Theodor Beste, Universität Köln,
Der Leistungslohn

Heft 17:
Prof. Dr.-Ing. Friedrich Seewald, Technische Hochschule Aachen,
Die Flugtechnik und ihre Bedeutung für den allgemeinen technischen Fortschritt
Prof. Dr.-Ing. Edouard Houdremont, Essen,
Art und Organisation der Forschung in einem Industriekonzern

Heft 18:
Prof. Dr. med. Dr. phil. W. Schulemann, Universität Bonn,
Theorie und Praxis pharmakologischer Forschung
Prof. Dr. Wilhelm Groth, Direktor des Physikalisch-Chemischen Instituts, Universität Bonn,
Technische Verfahren zur Isotopentrennung

Heft 19:
Dipl.-Ing. Kurt Traenckner, Stellvertr. Vorstandsmitglied der Ruhrgas-A.G., Essen,
Entwicklungstendenzen der Gaserzeugung

Heft 21:
Prof. Dr. phil. Robert Schwarz, Aachen,
Wesen und Bedeutung der Silicium-Chemie
Prof. Dr. Kurt Alder, Universität Köln,
Fortschritte in der Synthese von Kohlenstoffverbindungen

Heft 21 a
Jahresfeier der Arbeitsgemeinschaft für Forschung des Landes Nordrhein-Westfalen am 21. 5. 1952 in Düsseldorf mit Ansprachen des Herrn Bundespräsidenten Professor Dr. Theodor Heuss, des Herrn Ministerpräsidenten Arnold, Frau Kultusminister Teusch, der Herren Professor Dr. Hahn, Professor Dr. Strugger, Vizepräsident Dobbert, Professor Dr. Richter, Professor Dr. Fucks.

Heft 22:
Prof. Dr. Johannes von Allesch, Universität Göttingen,
Die Bedeutung der Psychologie im öffentlichen Leben
Prof. Dr. med. Otto Graf, Max-Planck-Institut für Arbeitsphysiologie, Dortmund,
Triebfedern menschlicher Leistung

Heft 23:
Prof. Dr. phil. Dr. jur. h. c. Bruno Kuske, Universität Köln,
Probleme der Raumforschung
Prof. Dr. Dr.-Ing. e. h. Prager,
Städtebau und Landesplanung

Heft 23 a:
M. Zvegintzov, Wissenschaftliche Forschung und die Auswertung ihrer Ergebnisse. Ziel und Tätigkeit der National Research Development Corporation
Dr. Alexander King, Department of Scientific & Industrial Research, London,
Wissenschaft und internationale Beziehungen

Heft 24:
Prof. Dr. Rolf Danneel, Universität Bonn,
Über die Wirkungsweise der Erbfaktoren
Prof. Dr. K. Herzog, Medizinische Akademie Düsseldorf,
Bewegungsbedarf der menschlichen Gliedmaßengelenke bei der Berufsarbeit

Heft 25:
Prof. Dr. O. Haxel, Heidelberg,
Energiegewinnung aus Kernprozessen
Dr. Dr. Max Wolf, Düsseldorf,
Gegenwartsprobleme der energiewirtschaftlichen Forschung

Heft 26:
Prof. Dr. Friedrich Becker, Universität Bonn,
Ultrakurzwellen aus dem Weltraum, ein neues Forschungsgebiet der Astronomie
Dozent Dr. H. Straßl, Bonn,
Bemerkenswerte Doppelsterne und das Problem der Sternentwicklung

Heft 27:
Prof. Dr. Heinrich Behnke, Universität Münster,
Der Strukturwandel der Mathematik in der ersten Hälfte des 20. Jahrhunderts
Prof. Dr. E. Sperner, Bonn,
Eine mathematische Analyse der Luftdruckverteilungen in großen Gebieten

Heft 28:
Prof. Dr. O. Niemczyk, Aachen,
Die Problematik gebirgsmechanischer Vorgänge im Steinkohlenbergbau
Prof. Dr. W. Ahrens, Krefeld,
Die Bedeutung geologischer Forschung für die Wirtschaft, besonders in Nordrhein-Westfalen

Heft 29:
Prof. Dr. B. Rensch, Münster,
Das Problem der Residuen bei Lernleistungen
Prof. Dr. H. Fink, Köln,
Über Leberschäden bei der Bestimmung des biologischen Wertes verschiedener Eiweiße von Mikroorganismen

Heft 30:
Prof. Dr.-Ing. F. Seewald, Aachen,
Forschungen auf dem Gebiete der Aerodynamik
Prof. Dr.-Ing. K. Leist, Aachen,
Forschungen in der Gasturbinentechnik

Geisteswissenschaften

Heft 1:
Prof. Dr. W. Richter, Bonn,
Die Bedeutung der Geisteswissenschaften für die Bildung unserer Zeit
Prof. Dr. J. Ritter, Münster,
Die aristotelische Lehre vom Ursprung und Sinn der Theorie

Heft 2:
Prof. Dr. J. Kroll, Köln,
Elysium
Prof. Dr. G. Jachmann, Köln,
Die vierte Ekloge Vergils

Heft 3:
Prof. Dr. H. E. Stier, Münster,
Die klassische Demokratie

Heft 4:
Prof. Dr. W. Caskel, Köln,
Lihjan und Lihjanisch. Sprache und Kultur eines früharabischen Königreiches

Heft 5:
Prof. Dr. Th. Ohm, Münster,
Stammesreligionen im südlichen Tanganyika-Territorium. — Religionswissenschaftliche Ergebnisse meiner Ostafrikareise 1951

Heft 6:
Prälat Prof. Dr. G. Schreiber, Münster,
Deutsche Wissenschaftspolitik von Bismarck bis zum Atomphysiker Otto Hahn

Heft 7:
Prof. Dr. W. Holtzmann, Bonn,
Das mittelalterliche Imperium und die werdenden Nationen

Heft 8:
Prof. Dr. W. Caskel, Köln,
Die Bedeutung der Beduinen in der Geschichte der Araber

Heft 9:
Prälat Prof. Dr. G. Schreiber, Münster,
Iroschottische und angelsächsische Kultureinflüsse im Mittelalter

Heft 10:
Prof. Dr. P. Rassow, Köln,
Forschungen zur Reichsidee im 16. und 17. Jahrhundert

Heft 11:
Prof. Dr. H. E. Stier, Münster,
Roms Aufstieg zur Weltherrschaft

Heft 12:
Prof. D. K. H. Rengstorf, Münster,
Zum Problem der Gleichberechtigung zwischen Mann und Frau auf dem Boden des Urchristentums
Prof. Dr. H. Conrad, Bonn,
Grundprobleme einer Reform des Familienrechts

Heft 13:
Professor Dr. Max Braubach, Bonn,
Der Weg zum 20. Juli 1944 — Ein Forschungsbericht

GPSR Compliance
The European Union's (EU) General Product Safety Regulation (GPSR) is a set of rules that requires consumer products to be safe and our obligations to ensure this.

If you have any concerns about our products, you can contact us on

ProductSafety@springernature.com

In case Publisher is established outside the EU, the EU authorized representative is:

Springer Nature Customer Service Center GmbH
Europaplatz 3
69115 Heidelberg, Germany

www.ingramcontent.com/pod-product-compliance
Ingram Content Group UK Ltd.
Pitfield, Milton Keynes, MK11 3LW, UK
UKHW021932190726
13853UKWH00002B/996

* 9 7 8 3 6 6 3 1 2 8 0 9 0 *